静安区“好孕好育 1 000 天”线上线下一体化妇幼健康科普推广项目
静安区卫生系统后备人才培养计划

0~3岁婴幼儿养育百问百答

杨亮 孙洁 蔡臻◎主编

Question & Answer

上海交通大學出版社
SHANGHAI JIAO TONG UNIVERSITY PRESS

内容提要

本书以上海市静安区妇幼保健所线上课堂的高频提问和公众号微信推送的内容为基础，精选出五大板块，采用问答的方式展开。主要内容包括优生篇、喂养篇、护理篇、预防篇、发育行为与卫生习惯篇，本书可作为优生优育的科普读物。

图书在版编目（CIP）数据

0—3岁婴幼儿养育百问百答 / 杨亮，孙洁，蔡臻主编. —上海：上海交通大学出版社，2021.7

ISBN 978-7-313-25040-7

Ⅰ.①0… Ⅱ.①杨… ②孙… ③蔡… Ⅲ.①婴幼儿-哺育-问题解答 Ⅳ.①TS976.31-44

中国版本图书馆CIP数据核字（2021）第109389号

0—3岁婴幼儿养育百问百答
0—3SUI YINGYOUER YANGYU BAIWEN BAIDA

主　　编：杨　亮　孙　洁　蔡　臻
出版发行：上海交通大学出版社　　地　　址：上海市番禺路951号
邮政编码：200030　　电　　话：021-64071208
印　　制：苏州市越洋印刷有限公司　　经　　销：全国新华书店
开　　本：880mm × 1230mm　1/32　　印　　张：4.875
字　　数：105千字
版　　次：2021年7月第1版　　印　　次：2021年7月第1次印刷
书　　号：ISBN 978-7-313-25040-7
定　　价：48.00元

编委会

（排名不分先后）

主　编　杨　亮　孙　洁　蔡　臻

编　委　徐海钧　周　琴　徐剑慧
张　蕾　刘院红

序　言

随着国家计划生育政策的调整，从“双独二孩”“单独二孩”到“全面开放二孩”，我国实施了30多年的独生子女政策正式终结。育儿知识，特别是现代的科学育儿理念和知识面临巨大的社会需求，相对应的育儿信息也由各种媒体报道，家长在面对巨大而纷杂的信息时常常存在甄别和选择的困难，因而迫切需要有专业机构对相关知识进行筛选、普及，对家长进行保健指导。

2017年上海市静安区妇幼保健所积极响应社会需求，创建了“好孕好育1 000天”健康教育品牌，并发展至今。静安区妇幼保健所坚持以专业妇幼保健团队公益服务为载体，不断探索，充分利用新媒体，通过公众号、微信群、科普讲座等方式，开展线上、线下一体化的健康服务。基于以上基础，将线上和线下课堂上的高频提问，微信推送中的高点击率文章进行筛选并总结成书，从而惠及广大家长。

本书内容涵盖了孕期营养、孕期心理、母乳喂养、科学育儿，以及幼儿视力和口腔疾病预防、心理行为发育、卫生习惯养成等多方面内容，贯穿整个孕期、产后以及0～3岁育儿阶段。相信本书能为广大家庭提供全面有益的科学育儿保健知识和实用指导、促进家庭和睦和儿童身心健康。

陈津津

2020年10月于上海

前　言

随着人民生活水平的不断改善，人们对健康的关注度也在不断提高。从《"健康中国2030"规划纲要》的颁布，到党的十九大"实施健康中国战略"的提出，都对妇幼保健工作的内涵提出了新要求。由上海市静安区妇幼保健所编委会历时四年，精心策划的聚焦儿童生命早期的健康问题的《0—3岁婴幼儿养育百问百答》终于将与读者见面了。

上海市静安区妇幼保健所，是一所位于上海市中心城区、由政府建立的、承担全区妇幼保健质量管理的公共卫生机构，也是上海市健康科普文化基地和上海市儿童早期发展基地；连续多年获评上海市卫生系统文明单位和静安区文明单位，多次获得全国三八红旗集体、上海市三八红旗集体、上海市巾帼文明岗、上海市卫生系统红旗文明岗、上海市妇女发展实事奖以及市、区优秀家长学校等称号。

"生命早期1 000天"是指从怀孕到宝宝出生两岁的阶段，世界卫生组织将此阶段定义为个体生长发育的"机遇窗口期"，养育人对科学孕育知识和技能掌握的情况，对于孩子成年后的健康状况有着极其重要的作用。上海市静安区妇幼保健所自

2017年起，创立开展的“静安区‘好孕好育1 000天’妇幼健康服务项目”,是以“生命最初1 000天”概念为宗旨，从服务对象的实际需求出发，以专业妇幼保健团队志愿服务为载体，充分利用新媒体开展线上线下一体化的公益性健康服务。2019年“好孕好育1 000天”被评为上海市创新医疗服务品牌。

妇幼健康是国家大健康战略的基石与前提，实现健康强国，需从妇幼人群抓起。上海市静安区妇幼保健所编委会将线上线下活动中的高频提问和微信推送的内容进行整理，精选出高频百问和相应推文，部分内容制成相应的微课或视频，可扫码观看，以方便养育者理解。期待本书为广大家庭提供获取科学育儿知识的途径，提升妇幼人群的健康素养。

上海市静安区妇幼保健所所长

“好孕好育1 000天妇幼健康服务”品牌创始人

王　健

2021年5月

目　录

第四部分　预防篇

优生篇

一

妊娠期生理和心理

1

孕期/哺乳期妈妈可以用药吗？

虽然孕期/哺乳期妈妈最好避免用药，但如果因病情必须用药，也不必过分担心。虽然几乎所有存在于母亲血液中的药物都可以进入胎盘/母乳中，但通常含量非常少，进入宝宝身体后也只有部分被吸收，所以通常情况下不会对宝宝产生明显的危害，如果一味讳疾忌医、拒绝用药，反而会影响宝宝健康。需要注意的是，孕期/哺乳期的用药安全划分了等级，孕期/哺乳期妈妈需要在专科医生指导下遵医嘱服用，切不可自行用药。

2

准妈妈患妊娠期高血压对胎儿有什么危害？

妊娠期高血压在准妈妈人群中的发生率是5% ～ 12%。简单来说，妊娠期高血压会让全身小血管出现痉挛和血管内皮损伤导致全身各系统脏器灌注减少，长此以往，宝宝会受到影响，比如胎儿发育小于孕周等。准妈妈们每次产检都需要监测血压，如果时常出现不明原因的头痛、头晕，甚至视物模糊等，需要及时就诊。

3

孕期发生头晕怎么办？

如果在家里发生头晕，准妈妈可以侧身躺下，一般侧卧位可以使血液迅速回流躯干和脑部，从而缓解头晕症状，避免发生晕厥。如果在公共场所发生头晕，准妈妈可以向身边路人求助，请路人将准妈妈搀扶到可以休息的地方坐下，并及时联系家属；如果准妈妈正在驾车，一定记得靠边停车，保护自己和他人的安全。如果休息后无法缓解症状，准妈妈需要及时就诊。

孕期头晕怎么办

4

数胎动是最有效的自我监测手段吗？

胎儿在子宫内伸手、踢腿，冲击子宫壁，就会形成胎动。胎动可以反映出胎儿在宫内的发育情况以及胎盘功能，也有可能提示胎儿出现疾病等。一般在孕期的16～20周时出现胎动，如果至孕期22周仍没有感受到胎动则需要找产检医生做检查。

建议准妈妈可以每天饭后半小时开始数胎动，每天三次，每次一小时，不容易遗漏。正常情况下，每小时内胎动不少于3～5次，一般5分钟内连续动计为一次。平时的自我监测数据也很重要，准妈妈可以每天做个记录，3～5次只是个大致的正常数据，对于一些天生"稳重"或者特别"活跃"的宝宝来说，如果胎动经常不在这个数据范围，产检时记得跟医生说一下，只要宝宝检查结果一切正常，就不用担心；如果某天胎动数据跟平时差异大于50%，需要引起重视，建议就诊检查。

5

什么是胎盘钙化？是由于补钙太多引起的吗？

所谓胎盘钙化，其实是胎盘成熟的一种表现，通常到了孕晚期，B超检查发现胎盘有不同程度的钙化，这是正常的表现，是提示宝宝已经发育完善，准备和爸爸妈妈见面了。正常的胎盘钙化不会导致胎盘营养功能丧失，也不会对宝宝生长发育产生危害，每日正常的补钙量为1 000 mg，不会造成胎盘提早钙化。不过如果妈妈还处于早中孕期，B超检查提示存在胎盘钙化，产科医生会建议准妈妈做进一步检查以明确原因，大家记得一定配合。

6

什么是分娩呼吸训练？

分娩呼吸法是最自然的分娩镇痛方法，不用药物和其他设备的介入，便于操作。在分娩的不同时间里，利用呼吸法可以帮助孕妈妈减轻分娩过程中的紧张和压力，保持体力、控制身体、抑制疼痛，确保胎儿得到足够氧气，以及有助于增强准妈妈的信心。准妈妈可以从怀孕7个月开始，多参加孕妈妈课堂的相关课程，居家多多练习，产生肌肉记忆后在临产分娩过程中可以熟练使用，从而达到缩短产程让宝贝顺利分娩。

什么是分娩呼吸训练

7

为什么怀孕期间会发生耻骨联合分离?

耻骨联合位于骨盆前方两侧耻骨纤维软骨处，其因外力机械性牵拉（妊娠胎头下降）而发生微小错移，会引起耻骨联合分离。在准妈妈怀孕10～12周时，体内松弛素浓度大幅增加，使子宫肌层松弛、耻骨联合分离和宫颈软化。宝宝的体重过大或胎位异常，以及准妈妈多胎妊娠、孕前及孕期运动量较少、腹部肌肉力量不强等都可能诱发耻骨联合分离，一般随着分娩结束就可以得到缓解。但如果症状非常严重，会影响日常行动或产后长期得不到缓解，也需要就诊检查配合治疗。

8

临产会有什么征兆，什么时候需要就诊？

（1）产生了较为规律的宫缩，每分钟宫缩5～6次，持续30秒以上。对于宫缩的感受，有的准妈妈认为是腹胀，有的准妈妈认为是腹痛，还有的准妈妈认为是腰酸，需要根据自己的身体情况自行判断。

（2）见红：阴道流血量逐渐增多，接近或大于月经量，或开始就有大量鲜血。

（3）如果突然感受到有较多液体从阴道流出，要警惕胎膜早破的发生。

如发生上述情况，建议立即就诊。

临产会有什么征兆及就诊

怀孕之后为什么更容易招蚊子？

怀孕以后准妈妈的体温会比孕前升高，更容易出汗，散发出蚊虫最喜爱的香味，有的准妈妈还会使用一些带有花果香的乳液、洗发水等，蚊子就会更加“爱不释手”了。建议准妈妈孕期尽量选择香味淡雅的洗护用品，以免吸引蚊子注意，同时也可以穿着长袖长裤，减少皮肤暴露面积，起到物理防蚊作用。

10

如何应对孕期皮肤粉刺？

（1）清洁：每天早晚用温和无添加的洗面奶和温水洗脸，毛巾需要勤洗晒，以免细菌滋生（现在市面上常见的一次性绵柔巾，对于喜欢偷懒的准妈妈来说算是福音）。如果是油性发质，建议每天洗头，洗完后立刻吹干；不留长刘海，更不要让刘海贴额头，加重粉刺。

（2）不挤压：不要随意挤压粉刺，以免留下瘢痕，影响准妈妈的美貌。

（3）慎选护肤品：有的准妈妈会选择含水杨酸的产品来治疗粉刺，局部少量使用是安全的，但是为了安全起见，使用前建议在皮肤科医生评估后指导下使用。另外，孕期避免使用明确有抗衰老、美白或脱毛类产品，如使用方法不正确或用量过大可能会对宝宝产生影响。夏季使用防晒用品，要选择温和无添加配方的孕期专用防晒用品。

（4）严重时应该立即就医。孕期如果出现了处理不了的皮肤问题，还是需要皮肤科就诊后在医生指导下用药。

11

怀孕后停止工作、在家安心·待产好吗？

有一些准妈妈怀孕后成了家里的“大熊猫宝宝”，选择不工作在家休息，却只是追剧、聊天或买买买，一不小心就熬夜睡懒觉，作息变得不规律，无聊时还可能会去看一些充满负面信息的网站，越看越怕，越交流越觉得宝宝可能有某些问题，整日提心吊胆。所以建议还是要尽力维持孕前的作息和运动习惯，如果孕期身体条件允许，可以继续工作，白天有足够的消耗，晚上才能睡得更好。

12

孕期多梦正常吗？

怀孕后准妈妈的生活进入一个新阶段，很多梦境变得和宝宝或孕期有关，通常是因为身体发生了变化，产生了不同的感受，或者心理上因为即将为人母，一边感到兴奋，一边伴随着焦虑和激动，也会导致失眠、多梦。怀孕后，随着子宫越来越大，准妈妈起夜的次数也变得更多了，睡眠质量下降，同样容易变得多梦。同时，身体激素也有一定程度的变化，情绪波动会比较大，有的准妈妈比较外向，会把情绪直接表现出来，比如倾诉或文字，而有的妈妈性格稳重或内敛，通常就需要通过另一种形式表达自己的情绪，比如梦境。这一切都是孕期的正常现象，不必过分担心。

梦境中梦到的未必直接是心里所想，可能只是跟情绪相关的内容，所以也不用太过纠结于每日梦境中的点滴细节，放松就好。

二 妊娠期营养

1

为什么吃完糯米类糕点之后，更容易升高血糖呢？

升糖指数（GI）是反映食物引起人体血糖升高程度的指标。一般来说，高GI的食物消化快、吸收率高、升血糖速度快。糯米的GI是87，属于高GI，比同样是淀粉类的大米饭（GI是56，属于中GI）高很多。因为糯米属于支链淀粉，而大米属于直链淀粉。糯米比大米分解、吸收速度都要快很多，所以升血糖速度也快。这也是为什么很多准妈妈吃完了糯米粥、糯米糕后检查，血糖往往升高较快，容易被产检医生留院观察的原因。糯米制品一直是我国的传统美食，元宵节的汤圆、清明的青团、端午的粽子、过年的年糕等，准妈妈尤其是患糖尿病的准妈妈一定注意不能多吃。

2

孕早期如何合理补钙？

药补不如食补，许多食物本就富含钙，所以孕早期只要饮食合理，并不需要额外服用钙片。食物补钙首选牛奶。牛奶及奶制品是食物中的“补钙小标兵”，吸收率也很高，每天喝400～500 ml牛奶，就可以提供480～600 mg钙，并且牛奶富含氨基酸、乳酸、矿物质和维生素，可以促进钙的消化和吸收，不足部分可通过钙片额外补充。对于早孕反应比较严重、喝奶就吐的准妈妈来说，也可以尝试以奶粉、酸奶、奶酪来代替。

根据中国营养学会2015年《中国居民膳食营养素参考摄入量》建议，准妈妈的钙摄入量推荐标准是孕早期800 mg/d、孕中晚期1 000 mg/d、哺乳期1 000 mg/d。每日摄入量不要超过2 000 mg。而且同时口服钙和维生素D_3可以帮助促进钙吸收。

但仍需要提醒各位妈妈的是，补充多种营养成分固然重要，但更重要的是配合适当的运动和足够的日照，只有这样才能让补充的营养素发挥足够的作用。

3

孕晚期补钙会不会让宝宝的头变得又硬又大，影响顺产？

胎儿期宝宝的头本身就是全身最大的部位，和补钙无关。胎儿头颅各骨骼之间有颅缝连接，颅缝和囟门之间还有软组织覆盖，所以头颅有极大的可塑性。在分娩过程中，为了适应产道的大小，宝宝的头会变得长长的，出生后过了几天就会变得圆圆的，所以不存在补钙影响顺产的情况。要相信，只要孕期做到适当运动，准妈妈和宝宝的产检正常，都可以顺利分娩的。

4

孕妇补充DHA有什么作用吗？

二十二碳六烯酸（DHA）是大脑皮质、中枢神经系统和视网膜的重要构成成分。DHA在体内水平的高低会直接影响脑细胞的增殖、神经传导、突触的生长和发育。

鱼类是DHA的极佳来源，坚果中的亚麻酸也可以在体内转化为一部分DHA（转化率较低），鱼油补充剂也含有丰富的DHA。就专家共识来说，食用鱼类就是最好的补充DHA的方法。

鉴于DHA对于视网膜及脑部的正常发育十分重要，影响胎儿及婴儿的正常视觉和认知功能，所以近年来越来越受到追捧，毕竟大家都希望自家的宝宝成龙成凤、赢在起跑线上。不过准爸爸准妈妈们还是需要理智一点，DHA只是帮助正常发育，并没有产生“天才宝宝”的功能，孩子以后是否可以成名成家，靠的还是后天的努力学习和家庭教育。

5

孕妇补充DHA有没有推荐剂量呢？

目前还没有绝对权威数据推荐妊娠期及哺乳期女性最低或最佳鱼类摄入量。2015版《中国居民膳食营养素参考摄入量》建议膳食DHA每日摄入量不少于200 mg/d，但不建议高于1 g/d。美国食品药品监督管理局（FDA）建议，每周摄入8～12盎司（226.8～340.2 g）海鱼即可。我们也不必那么精细，每周保证餐桌上出现2～3次鱼类就可以了（建议至少1次为富脂海产鱼）。爱吃鱼的妈妈再增加一两次也完全没有问题。

三

疫情与妊娠期

1

疫情影响下，产检能否顺延？

首先，28周以上妊娠晚期或存在某些高危因素如高龄、妊娠合并症等的准妈妈，要听从医生建议严格规律产检。此外，针对有些检查是有孕周限制的，比如胎儿颈项透明层（NT）、中期唐氏综合征、无创DNA、羊水穿刺等各项产检诊断、糖耐量试验（筛查妊娠期糖尿病）、大畸形筛查、孕晚期分娩方式评估等，建议按时就诊产检。对于其他尚处于早孕期、中孕期的准妈妈，如果之前的产检结果均正常，可以在医生的建议下适当延长产检间隔时间。

疫情影响下，产检能否顺延

2

疫情下，待产的孕妇在医院安全吗？医院会采取哪些防护措施？

如果孕妇有发热、咳嗽，或者有感染者的接触病史，包括群体发病的病史等，医院会按照国家卫生健康委员会要求进行排查。在确诊之前，作为疑似病人需要就地隔离，安排在一个隔离的房间进行一系列的防控措施，避免交叉感染。同时，根据病情，必要时组织多学科针对病情进行分析。在疫情特殊时期，自我防控加上医院严格的防控措施和管理措施，孕妇住院观察还是相对安全的。

3

如果孕妇被确诊为新型冠状病毒感染阳性，会不会传染给胎儿？

目前还没有足够的数据证实新型冠状病毒感染是否有母胎传播的风险。医生会综合病人的具体情况，包括孕周、疾病严重程度来进行判断，必要时需要产科医生、传染科、重症监护室、新生儿科的医生等共同讨论，重点考虑孕妇的安全。如果有妊娠早期发热或持续高热现象，必须引起重视，病毒对早孕期的胚胎组织还是有一定危害的。

喂养篇

一

母乳喂养

1

母乳喂养前要有哪些准备？

等待哺乳的婴儿应是清醒状态、有饥饿感，并已更换干净的尿布。哺乳前让婴儿用鼻推压或舔母亲的乳房，哺乳时婴儿的气味、身体的接触都可刺激乳母的射乳反射。除了以上常规准备外，妈妈哺乳前还要注意清洗双手。

2

哺乳时怎样让宝宝的口和下颌紧贴妈妈的乳房？

妈妈应该知道，不是用“乳头喂养”，而是“乳房喂养”。宝宝正确含乳是要把乳头和大部分乳晕都含入口中。正确的含乳才能有效地刺激妈妈泌乳，还可以避免乳头皲裂。注意不要让乳房压住宝宝的鼻子。妈妈哺乳时，托乳房的正确姿势：食指和大拇指呈“C”形，以食指支撑着乳房的基底部，大拇指轻压乳房的上方，其余三指并拢贴在乳房下的胸壁上。

3

乳头凹陷或皲裂还能母乳喂养吗？

乳头凹陷需要做简单的乳头护理，每日用清水（忌用肥皂或酒精之类）擦洗、挤、捏乳头，母亲亦可用乳头吸引器矫正乳头凹陷。母亲应学会“乳房喂养”而不是“乳头喂养”，大部分婴儿仍可从扁平或凹陷乳头吸吮乳汁。每次哺乳后挤出少许乳汁均匀地涂在乳头及乳晕上，可防止因为干燥导致乳头皲裂及感染。乳头皲裂严重时，建议在医生的指导下用药。

4

背奶妈妈怎么正确保存母乳？

母亲外出或母乳过多时，可将母乳挤出存放至干净的容器或特备的“乳袋”，妥善保存在冰箱或冰包中，母乳食用前用温水加热至40℃左右即可喂哺。注意母乳的储存有时限，室温25℃时最长储存时间为4小时，冰箱冷藏最长储存时间为24小时，冰箱冷冻（−20℃以下）可存放3个月。

5

什么是母乳喂养的正确姿势？

每次哺乳前母亲应洗净双手。常见的喂哺姿势有卧式、摇篮式、交叉式和橄榄球式，无论采用何种姿势，都应该让婴儿的头和身体呈一条直线，婴儿身体贴近母亲，头部和颈部应得到支撑，鼻子对着妈妈的乳头。正确的含接姿势是婴儿的下颌贴在乳房上，嘴张大，将乳头及大部分乳晕含在嘴中，下唇向外翻，嘴上方的乳晕比下方多。婴儿慢而深地吸吮，若能听到吞咽声，就表明含接乳房姿势正确，吸吮有效。哺乳过程要注意母婴互动交流。

6

刚出生的小宝宝，怎么喂奶正确？

把小宝宝抱到身边直接塞进乳头，还是图个方便，直接用奶瓶喂养？其实，最好的方式是通过皮肤接触来激发宝宝的原始本能引发母乳喂养。妈妈可以采取后躺半卧的姿势，让新生宝宝拥有自主含接的机会，皮肤接触看似简单，却是最好的激发新生儿本能的方式，小宝宝是有能力自己爬向乳房并开始吸吮的。

7

宝宝出生第一天该喂几次奶？

第一天应尽量让宝宝吸吮8次以上，每次的哺乳时间不需要太固定。一般来说，一次哺乳时间一般在4分钟到半小时以内，太长或太短的哺乳时间可能是因为存在某些问题。频繁的喂养能保证宝宝获得所需要的母乳量，同时也可确保泌乳量能满足宝宝的需求，因为宝宝是“最好的催乳师”，吸吮可以刺激母亲尽快下奶。

8

为什么鼓励对6月龄内宝宝进行纯母乳喂养?

母乳是宝宝最理想的食物，母乳喂养一般能满足6月龄以内宝宝所需要的全部液体、能量和营养素，因此这段时间内无须给宝宝添加水、果汁等液体和固体食物，以免减少宝宝的母乳摄入，进而影响妈妈乳汁分泌。

对于宝宝来说，母乳易消化吸收，有助于生长发育，还可以预防腹泻和呼吸道感染，减少过敏性疾病和儿童期肥胖的发生。

对于妈妈来说，母乳喂养不仅有助于子宫收缩、预防产后出血、推迟再次妊娠、促进体型恢复，还能减少发生乳腺癌和卵巢癌的危险。

更重要的是，母乳喂养有利于亲子之间感情的交流，促进宝宝情感发育。

9

如何促进哺乳期妈妈的乳汁分泌？

（1）按需哺乳：3月龄内婴儿应频繁吸吮，每日不少于8次，可使母亲乳头得到足够的刺激，促进乳汁分泌。

（2）乳房排空：吸吮产生的“射乳反射”可使婴儿短时间内获得大量乳汁；应强调两侧乳房交替哺乳，每次哺乳时先喂空一侧乳房，再喂另一侧。

（3）乳房按摩：哺乳前热敷乳房，从外侧边缘向乳晕方向轻拍或按摩乳房，有促进乳房血液循环、乳房感觉神经的传导和泌乳作用。

（4）家庭支持：保证母亲身心愉快、充足睡眠、合理营养，促进泌乳。

10

按需哺乳还是按时哺乳？

母乳喂养应顺应婴儿胃肠道成熟和生长发育过程，从按需喂养模式到规律喂养模式递进。3月龄前的婴儿应遵循按需喂养的原则，不要强求喂奶次数和时间，一般每天喂奶次数可在8次以上。随着婴儿月龄增加，逐渐减少喂奶次数，建立规律喂养的良好饮食习惯。

11

什么情况下需要禁止母乳喂养？

在母亲为新型冠状病毒性肺炎确诊或疑似病人、正接受化疗或放疗、患活动期肺结核且未经有效治疗、患乙型肝炎且新生儿出生时未接种乙肝疫苗及乙肝免疫球蛋白、人类免疫缺陷病毒（HIV）感染、乳房上有疱疹、吸毒等情况下，不宜母乳喂养。母亲患严重疾病、其他传染性疾病或服用药物时应咨询医生，根据情况决定是否可以哺乳。

12

用吸奶器吸出乳汁给宝宝喝和亲喂一样吗？

在有条件的情况下妈妈应尽量亲喂。因为“宝宝饿了—吸吮奶头—乳房排空—乳汁再分泌”这是一个良性的循环，宝宝的胃口和妈妈乳汁的分泌会达到一个平衡。用吸奶器吸出乳汁会破坏这个平衡，吸出的奶量会超出宝宝的需要，导致过度喂养，增加宝宝超重或肥胖的可能。另外，因为多了中间环节，也会增加奶液被污染的机会，增加宝宝感染的风险。

13

怎样判断宝宝在母乳喂养过程中吃够了？

母乳喂养的宝宝一般每天吃奶8～12次，每次哺乳时间为10～15分钟，哺乳时宝宝会有节律的吸吮同时伴有听得见的吞咽声，吃饱了宝宝就主动吐出奶头或者睡着，两次吃奶之间有1.5～2小时的连续睡眠，每天排尿量在6次以上。另外，很重要的一点就是宝宝的体重增长良好，这些情况下说明宝宝吃饱了，吃够了。

14

母乳喂养的宝宝的正常大便是什么样的？

宝宝的粪便在其出生后2～3天内即逐步转变为普通大便。随着母乳喂养次数的增加，大便颜色由最初的墨绿色逐渐变浅，变为黄绿色、淡黄色的过渡便，最后为黄色或金黄色，呈均匀膏状或带少许黄色粪便颗粒，或较稀薄、绿色、不臭，宝宝平均每日排便2～6次。

15

如何缓解宝宝溢奶?

宝宝的胃呈水平位，容量较小，且胃部肌肉未完善，贲门括约肌松弛，吃奶后常从口角溢出少量乳汁，多见于哺乳过多或吞入空气时，不影响健康。

喂奶后都应给宝宝拍嗝数分钟，这样能缓解因吸吮时吞下空气带来的不适。拍嗝的方法有两种：一是将宝宝的头靠在妈妈肩上竖直抱起，轻拍背部；二是将宝宝面朝妈妈放在妈妈大腿上，然后将一手环状支撑宝宝头颈后部，另一手轻轻拍打后背。喂奶后，继续维持宝宝的上身在一个直立的位置约10～20分钟，可减少吐奶。注意，若尝试以上方法后宝宝溢奶症状无改善，或体重增长不良，应及时就诊。

16

奶水不够也不要放弃母乳喂养吗？宝宝营养不良怎么办？

首先要寻找奶水不够的原因，大多数是因为母乳还没有得到有效的吸吮，喂养次数不够。若确实因乳量不足影响婴儿生长，妈妈先不要轻易放弃母乳喂养，可采取补授部分母乳喂养。补授部分母乳是指母亲哺乳次数与纯母乳喂养相同，以维持婴儿吸吮，刺激乳汁分泌。若婴儿将乳房吸空仍不满足，不能安静睡觉，体重增长不足，宜用婴儿配方乳补充，补授婴儿配方乳量按婴儿需要定，而不是每次补充固定的奶量。

17

哺乳期乳腺炎怎么办？

临床上，急性乳腺炎已经越来越成为影响新手妈妈们坚持母乳喂养的重要因素。

一般来说，乳腺炎从发生到急需治疗，大约经历1～3天，发生的表现有：①乳房局部压痛、肿胀、皮温升高；②常有乳头皲裂，哺乳时感觉乳头刺痛，伴有乳汁郁积不畅或结块，有时可有一两个乳管阻塞不通；③畏寒，出现与流感相似症状，可伴有发热。

那么，如何预防？或在出现早期症状的时候，如何进行家庭护理呢？

首先，来看看预防，刚刚经历分娩的妈妈，免疫力相对低下，容易受到细菌和病毒的感染，所以，保证妈妈充分的休息尤为重要。另外，鼓励哺乳前沐浴放松，保持心情愉快。刚生完宝宝的妈妈都会经历乳腺生理性肿胀，会有乳房坚硬、皮温增高却哺乳困难的情况出现，我们可以使用冷藏的卷心菜进行适当冷敷，轻轻按摩乳晕到柔软后再哺乳，就可以起到事半功倍的作用，这也是预防急性乳腺炎的措施之一。

第二，在哺乳过程中，家人可以帮助妈妈检查下宝宝的含接姿势是否准确，良好的含接姿势应当是宝宝的下巴紧贴乳房，吸吮时双颊饱满，能看到婴儿慢而深的吸吮动作和听到吞咽的声音。如果姿势不准确，可能影响宝宝的吸吮，喝不到奶就可能引起宝宝对妈妈的乳头不友好，乳头龟裂的情况就可能发生了。

第三，提醒妈妈每日进行乳房检查，如果发现乳头白点、局部肿胀，可以将可食用橄榄油倒在消毒棉球或纱布上，湿敷妈妈的乳头，软化白点后请出我们最优秀的通乳师，也就是宝宝出场。然后，请爸爸帮忙，可以采取多种哺乳姿势，让宝宝的下巴对着乳房硬块的地方，增加吸吮次数，一般都能有明显缓解。

掌握了以上三张方法，便可以大大降低急性乳腺炎的发生率，减少就医次数，使母乳喂养进行得更加顺利。

乳腺炎还能母乳喂养吗

二

人工喂养

1

如何冲调奶粉？

（1）煮沸新鲜的自来水，如果使用自动电热水壶，应等到壶断电为止，应确保水达到沸腾。

（2）洁净冲调奶粉的地方，洗净双手。

（3）倒出剩在奶瓶和奶嘴的水。

（4）将适量温水注入已消毒的奶瓶。

（5）按奶粉罐上的说明，加入准确量的奶粉（加入奶粉过多可导致婴儿脱水；过少影响生长发育）。量奶粉时，必须使用附在罐内的量匙，先盛满量匙，再用清洁的刀背刮平，切勿挤压奶粉。

（6）装上奶嘴、奶瓶盖，轻轻摇晃或转动至奶粉彻底溶化。

（7）把奶瓶下半部分放于流动的自来水下冲，或放入装有冷水的容器，使配方奶迅速降温至合适喂哺的温度。用自来水冷却时，水不能触及奶瓶上端。

（8）抹干奶瓶，喂食前要将奶滴在手背上测试奶的温度，以免烫伤婴儿口腔。

（9）冲调好的配方奶应尽快饮用，若2小时内还未用完，必须扔掉。

2

如何清洗消毒奶瓶？

所有奶瓶、奶嘴及其他用以冲调奶粉的用具均需彻底清洁和消毒。清洁喂奶用具前，需彻底洁净双手，然后用清洁剂洗净奶瓶和奶嘴，用奶瓶刷清洗奶瓶和奶嘴内外，然后用清水彻底冲洗干净。消毒奶瓶一般可采用煮沸消毒法，把奶瓶、奶嘴和奶瓶盖放进锅内，加水至完全覆盖所有用具，盖好锅盖，加热至沸腾，然后继续煮沸5分钟，熄火后待其自然冷却即可。从锅中取出已消毒的喂奶用具，要注意再次彻底洗净双手，然后用已消毒的钳子夹出已消毒的奶瓶、奶嘴以及奶瓶盖。如果不是立即使用，可把奶瓶、奶嘴及奶瓶盖套好，然后放进清洁及有盖的容器中待用。

3

有哪些常见的不正确的奶粉冲调方法？

常见不正确的配方奶粉冲调方法有：一平勺不是舀后自然刮平，而是摇或抖平，这会增加配方奶的重量，使冲出来的配方奶浓度增加。有些家长在冲调奶粉时随意估算，本来是一勺冲60 ml水的，就大概舀个半勺用30 ml水来冲。还有的家长觉得宝宝不肯喝水或是大便偏干，每次冲奶时都多冲一些水。这些不正确的冲调方法使得冲出的奶粉过浓或者过稀，配方过浓会使婴儿的肾脏负担加重，对婴儿不成熟的肾脏产生潜在的损伤，而长期使用稀释的配方可以造成婴儿营养不良，生长缓慢。

4

配方奶喂养的婴儿需不需要额外喂水？

一般不需要。配方奶的配方是以母乳为模板，在正确冲调的情况下，蛋白质和矿物质的浓度接近母乳，所以也不需要额外喂水。频繁的喂水还会减少宝宝的奶量，影响生长。当然如果在天气炎热、出汗多或者发热、腹泻等病理状况下可以根据情况适当饮水。

5

为什么部分早产儿母乳喂养还要添加母乳强化剂？

虽然母乳有很多营养、免疫和代谢方面的优势，但仍不能满足部分早产低出生体重儿生长所需的蛋白质和多种营养素需求，导致婴儿生长速度较慢。因此，推荐部分母乳喂养的早产低出生体重儿使用含蛋白质、矿物质和维生素的母乳强化剂，以确保满足营养需求。对于胎龄小于34周、出生体重小于2 000 g的早产儿应首选强化母乳喂养。

6

为什么要喝配方乳而不是纯牛奶或其他兽乳?

特殊情况下，宝宝需要混合喂养或人工喂养的话，应该添加符合年龄段的婴幼儿配方乳，其他未加工的兽乳（主要是牛乳、羊乳等）不适合婴儿消化道、免疫功能、肾脏发育水平。利用现代科学技术将兽乳改造，使营养素成分尽量“接近”母乳，改造后的标准婴儿配方乳应按年龄段选用。羊乳营养价值与牛乳大致相同，但羊乳中叶酸含量很少，长期哺喂羊乳易致巨幼红细胞性贫血。马乳的蛋白质和脂肪含量少，能量也低，不宜长期哺喂。

7

人工喂养宝宝的正常大便是什么样的？

随着婴儿配方奶喂养次数的增加，宝宝的大便在其出生后2～3天逐渐转为淡黄色或灰黄色，较干稠。因配方奶粉含酪蛋白较多，粪便有蛋白质分解产物的臭味，有时会混有白色酪蛋白凝块，大便每天1～2次，易发生便秘。

辅食添加

1

为什么6个月开始要给宝宝添加辅食？

6月龄以后，单一的乳类已不能满足宝宝对能量和营养素的需求，对于继续母乳喂养的7～12个月的婴儿，所需要的部分能量如99%的铁、75%的锌、80%的维生素B6和50%的维生素C都必须从添加的辅食获得，所以婴儿满6个月后应尽快添加辅食。另外，4～8个月正好是宝宝的味觉敏感期，这个时期添加新食物更容易被宝宝接受。同时，这个时期宝宝的消化道发育逐渐成熟，可以消化奶类以外的食物；同时，这个时期宝宝的神经肌肉发育良好，能够竖颈，可以控制头部转动，张开嘴巴接受小勺中的食物，也可以咀嚼、吞咽泥糊状食物或固体食物。

【微课】婴儿辅食课堂（1）——添加辅食的时间

2

辅食添加过早或过晚会有什么影响呢？

辅食添加过早，容易因为婴儿消化系统不成熟引起胃肠道不适反应而导致喂养困难，或增加感染、过敏的风险。过早添加辅食还会减少奶量，影响母乳喂养，减少蛋白质的摄入量，造成营养素不均衡；辅食中过多的碳水化合物还会增加宝宝超重、肥胖的风险。添加辅食太晚，由于母乳中能量和营养素不能满足宝宝的需要，会增加缺铁和低体重的风险。

3

为什么不建议给宝宝的辅食添加盐和糖？

原味食物有助于婴幼儿接受不同口味的天然食物，减少偏食、挑食的风险。早期吃含糖类食物会养成婴儿对甜食的偏好，导致日后更容易出现龋齿和肥胖等问题。而过多的盐摄入则会增加肾脏负担。婴儿天生就喜欢咸味，而且越早接触到咸味就越喜欢，给宝宝晚点吃盐，也是为了让宝宝从小养成淡口味的饮食习惯，这对宝宝一生的健康都会带来益处。

【微课】婴儿辅食课堂（5）——辅食制作的原则

4

宝宝多大时可在食物中添加盐？

根据中国营养学会推荐，0～6个月婴儿的钠参考摄入量为170 mg/d，7～24个月婴儿的钠参考摄入量为350 mg/d。人体摄入的钠不光来自食盐，天然食物中也含钠，而1岁以内的小婴儿从母乳以及辅食中获取的钠元素已基本能满足需求，不需要额外加盐。所以一般建议1岁以后开始吃盐。

5

补铁的食物有哪些？

植物性食物中的菠菜含铁量比较高，但动物性食物中的铁含量和铁吸收率均远远大于植物性食物中的铁，对需要补充铁元素尤其是缺铁性贫血的宝宝来说，红肉类如猪肉泥、牛肉泥、动物肝脏、鸡鸭血是更好的铁来源。蛋黄中含铁也较多，但吸收率没有肉类高。

食物中铁的来源包括来自动物性食物中的血红素铁以及来自植物性食物的非血红素铁。

肝脏、动物血、牛肉、瘦猪肉等食物含铁丰富，而且血红素铁含量高，铁吸收率高，是膳食铁的最佳来源；鱼类、蛋类含铁总量及血红素铁比肉类低，但仍优于植物性食物；新鲜绿叶蔬菜含铁量较高，但属于非血红素铁，吸收率较低，可以作为膳食铁的补充来源；强化铁的食品如婴儿配方奶、婴儿米粉等也可以提供部分非血红素铁。

【微课】婴儿辅食课堂（2）——辅食添加的原则

6

添加辅食过程中宝宝出现恶心、呕吐或者拒绝辅食怎么办？

在添加辅食的过程中，由于食物质地和口味的改变，婴儿可能会出现恶心、呕吐，甚至拒绝进食的表现，但不能因此只给宝宝吃稀糊状的食物，甚至放弃添加辅食。辅食需要咀嚼、吞咽，而不只是吸吮；辅食也有不同于母乳的口味，这些都需要婴儿慢慢熟悉和练习。因此，添加辅食时，父母及喂养者应保持耐心，积极鼓励，反复尝试。母乳喂养时，因为妈妈每天的饮食搭配都不同，所以母乳的口味也有所不同，母乳喂养宝宝比配方奶喂养的宝宝有机会接触更多味道，在添加辅食过程中也会更容易接受不同口味的辅食。

【微课】婴儿辅食课堂（3）——辅食添加小技巧

7

鱼汤、肉汤、果汁适合给婴儿吃吗？

鱼汤、肉汤等含水量高，能量密度很低，不到20 kcal/100 g，蛋白质含量也远远低于鱼和肉本身，故不建议单独作为婴儿辅食，可以用来煮粥煮面。果汁过滤掉了水果中的大部分纤维素，而且含糖量高，容易增加宝宝对甜食的喜爱，增加罹患超重、龋齿的风险，不适合经常给婴儿吃，最好让婴儿吃水果或果泥。

护理篇

一
日常护理

1

新生儿出生后多久脐带脱落？如何观察脐带的情况？

每个宝宝的脐带脱落时间不同，一般在出生后5～15天脱落，但部分宝宝可能需要3周或以上时间才会脱落，如满月时仍未脱落，建议就诊。脐带脱落后仍需要每天消毒脐窝至少一次，直到没有分泌物为止。如脐带底部皮肤红肿、有臭味、有异常分泌物、肚脐长肉粒，或者当宝宝哭的时候肚脐凸出、大量出血、渗血不止时需立即就医。

2

刚出生的宝宝怎么会“乳房发育”还“来月经”？

男女新生儿出生后4～7天均可有乳腺增大，如蚕豆或核桃大小，2～3周后会自行消退，这与新生儿刚出生时体内存有一定数量来自母体的雌激素、孕激素和催乳素有关，不需治疗，切忌挤压以免感染。部分女婴由于出生后来自母体的雌激素突然中断，出生后5～7天阴道留出少许血性或大量非脓性分泌物，可持续一周。

3

新生儿打喷嚏一定是感冒了吗？

新生儿偶尔打喷嚏并不是感冒，因为新生儿鼻腔血液运行旺盛，鼻黏膜受到刺激会导致打喷嚏，这也是宝宝自行清理鼻腔、阻挡异物的一种方式。

4

为什么新生儿的粪便是绿色的？

新生儿出生后的最初三天内排出的粪便形状黏稠，呈墨绿色，无臭味，由脱落的肠上皮细胞、浓缩的消化液、咽下的羊水所构成，2～3天内转变为普通的婴儿粪便。大多数宝宝的胎粪在生后12小时内排出，如果宝宝在24小时内没有排出胎便，需要及时报告医生或护士，以及时排除消化道畸形可能。

5

怎么观察新生儿尿液的颜色？

新生儿出生后前2～3天因摄入量少，尿色偏深，有时会出现粉红色的尿液结晶，多为正常现象，父母不必紧张。数日后尿色会变淡，婴幼儿正常的尿液为透明、淡黄色。若宝宝尿液颜色明显异常，出现红色甚至深红色，有异味，家长要及时带宝宝就诊。就诊时可将带有异常颜色的尿布带去医院，有助于医生对病情的判断。

6

新生儿出生后排尿多少次算正常？

大多数新生儿在出生后不久便会排尿，颜色一般是透明、淡黄色的，出生的第一天尿量偏少。也有一些新生儿在出生时（即还未到父母身边时）就已经排尿了，这需要医生、护士及时告知父母。新生儿出生后前几天因摄入量少，每天排尿4～5次。一周后因新陈代谢旺盛，进水量较多但膀胱容量小，排尿突增至每天10～20次。需要注意的是，若24小时内宝宝没有排尿，父母需及时告知医护人员。若一周后新生儿排尿次数每天少于6次，多为奶量摄入不足的一种表现，父母要注意加强喂养。

7

新生儿为什么有“皮疹”和“红斑”？

由于皮脂腺堆积，在新生儿的鼻尖、鼻翼、颜面部会形成小米粒大小的黄白色皮疹，即“粟粒疹”，属于正常现象，脱皮后自然消失。

同样，新生儿出生后1～2天，在头部、躯干及四肢常出现大小不等的多形性斑丘疹，称为“新生儿红斑”，一般1～2天后会自然消失。

以上都是正常现象，不必过多焦虑。

8

为什么宝宝总有眼屎？

部分初生婴儿的鼻泪管（眼角通往鼻腔的管道）未完全发育好，容易有黏液或者脓性分泌物积聚。如果分泌物量不多，每天清洁擦拭、做鼻泪管按摩即可。如分泌物量越来越多，颜色变成深黄或者绿色，眼周围异常红肿的话可能伴发细菌感染，应及时就诊。

9

宝宝口腔护理怎么做？

给宝宝喂完奶后，可用消毒棉签蘸温开水轻轻擦拭宝宝口腔，每天早晚各一次。新生儿口腔黏膜娇嫩，动作一定要轻柔。宝宝口中的“马牙”不可挑破，避免引起感染。若发现宝宝口腔黏膜表面或舌面上覆盖白色凝乳状小点或者小片状物不易擦去，宝宝很有可能得了鹅口疮，要及时就诊治疗。同时注意母亲乳头的清洁卫生，若人工喂养，要加强对奶具的消毒。

10

给宝宝洗澡时需要注意些什么？

给宝宝洗澡的时间宜选择在喂奶后的1小时左右，哺乳后不宜立即洗澡。建议每天或隔天一次即可，每次10分钟内完成，动作轻柔，注意保暖，保证安全。宝宝洗澡的室温宜维持在26～28℃，水温达到38～40℃，家长可以用手腕内侧试水温是否适宜。准备的时候水温可略高一点，让宝宝下水之前再试一下水温（以免准备时间过久水温变凉）。注意，要先放凉水再放热水。

注意避免宝宝耳部进水，洗澡时可将左手掌摊开托住宝宝后脑勺，大拇指与中指、无名指、小指分别将宝宝双耳轻轻向脸部方向压住，人为“关闭”双侧外耳道，再用右手进行清洗操作，避免水进入外耳道。洗澡结束后，用干净的棉签轻轻将外耳道擦拭干净，保持干燥。

11

给宝宝穿纸尿裤的松紧怎样适宜？

给宝宝穿好纸尿裤贴腰贴时，要注意两侧对称，贴完后以腰间是否可以塞进一个手指作为评价指标，不能太松也不能太紧。最后务必仔细检查一下宝宝大腿根部的松紧带是否平整，尤其对比较丰满的宝宝请选择松紧带处柔软一些的尿布，否则大腿处极其容易被勒红，对身材清瘦的宝宝请选择稍紧一些的尿布，否则极其容易漏尿。注意尿布尺码根据宝宝的体重增长及时升级，一般也是以腰贴距离和松紧带处是否被勒红作为参考标准。

12

为什么宝宝长了“马牙”和“螳螂嘴”？

在新生儿口腔上腭中线和齿龈部位，有黄白色、米粒大小的小颗粒，这是由上皮细胞堆积或黏液腺分泌物积留形成，俗称“马牙”，数周后可自然消退。“螳螂嘴”为两侧颊部各有一隆起的脂肪垫，有利于吸吮乳汁。两者均属于正常现象，不可挑破，以免发生感染。

13

宝宝湿疹发作时如何使用药膏？

很多宝宝在出生10～15天后脸上会长出小疙瘩，眉毛上会沾有皮屑样的东西，前额会长出小粉刺样的东西，或者脸颊上长出3～4个小红疙瘩，用手摸上去的话，手感毛糙，皮肤不光滑；经太阳一晒或者室温高，这些地方的疙瘩明显增多，颜色加深，这就是湿疹。当宝宝皮肤发红或瘙痒时应及时就诊，根据宝宝的湿疹严重程度使用适当的激素药膏。激素药膏每天涂抹1～2次，涂抹在发红的部位，注意不要太薄，否则无法有效治疗湿疹。激素药膏在湿疹消除时停用，复发时可继续使用。当宝宝皮肤出现结痂、起硬皮、颜色发黄，甚至流脓，出现水疱群，这提示宝宝身上出现湿疹继发感染，需在医嘱下使用抗生素。注意，当需要激素与抗生素药膏一起使用时，应避免同时使用，前后至少间隔半小时。

14

宝宝总打嗝怎么办？

打嗝是婴儿时期常见的现象，新生儿神经系统发育不完善，不能很好地协调膈肌运动，因此受到轻微刺激会打嗝；进食过急、吃奶时吞咽过多的空气、哭闹等原因也会诱发宝宝打嗝。一般来说，打嗝对于宝宝的健康没有特别不利的影响。

如果宝宝正在打嗝，可以喂点热水，增加衣物保暖或者用玩具逗引转移注意力；也可以刺激宝宝足底，促使啼哭，可以终止膈肌的突然收缩；每次喂奶后要记得给宝宝拍嗝。另外，小月龄的宝宝在疲劳时也会出现打嗝的现象，要注意让宝宝及时休息。

预防宝宝打嗝，一方面需要注意喂养方法，避免在宝宝哭闹时喂奶，避免宝宝进食过快。如果母乳流速过快要可轻轻夹住乳头，控制奶液的流速。另一方面注意保暖，宝宝吃的食物不宜太凉，玩耍或外出时注意不要让宝宝吸入冷空气。

第四部分

预防篇

一 先天性疾病预防

1 新生儿遗传代谢疾病筛查是查哪些疾病?

即使看起来没有异常症状，在患儿出生72小时充分哺乳后（特殊情况下，必须保证充分哺乳6次后），由接产医疗机构取其足跟部血样4滴，送往卫生行政部门指定的新生儿疾病筛查中心进行遗传代谢疾病筛查，主要查以下4种疾病：

（1）苯丙酮尿症：是由于患儿体内缺乏苯丙氨酸羟化酶引起患儿智能低下的疾病。患儿刚出生时外表无异常，出生后3个月左右开始出现头发发黄，小便有难闻的臭味，以后会出现智能障碍，甚至痉挛。若出生后即得到治疗，可避免脑损害的发生。

（2）先天性甲状腺功能减退症：是一种由于甲状腺先天性的发育异常引起生长迟缓、智力落后的疾病。多数患儿在新生儿期无明显症状，常无法引起家长甚至医生的注意而延误诊断和治疗，导致脑发育异常。若出生后立即治疗，可避免智能障碍的发生。

（3）先天性肾上腺皮质增生症：是一组常染色体隐性遗传性疾病，由于皮质激素合成过程中所需酶的先天缺陷所致。其中21–羟化酶缺乏是最常见的一种类型，典型性的21–羟化酶缺乏分为失盐型和单纯男性化型，失盐型约占患者总数的75%，往往在出生后2周出现严重的呕吐、腹泻，以及不易纠正的低血钠脱水和严重的酸中毒等表现，若不及时诊治，将危及生命。

（4）葡萄糖–6–磷酸脱氢酶缺乏症：是一种由于红细胞酶的缺陷引起的疾病，患者在某些诱因（如某些药物、食用蚕豆等）情况下发病，临床表现为急性溶血性贫血和高胆红素血症，不及时治疗病死率较高。

2

臀纹不对称代表什么？

臀纹或大腿纹不对称是发育性髋关节发育不良的常见临床症状之一。给宝宝做健康体检时，如果医生告知“宝宝两侧臀纹或大腿纹不对称，需要到小儿骨科门诊检查一下，做个髋关节B超”时，是为了排除宝宝患有这一疾病。臀纹或腿纹不对称不一定有问题，但家长要引起重视，尽早带宝宝进一步检查。

二

传染性疾病预防

1

宝宝需要接种流感疫苗吗？

原则上，对于6个月以上、没有疫苗接种禁忌证的人群可以考虑接种流感疫苗。以下是专家建议优先接种的人群：孕妇或准备在流感季节怀孕的女性、照顾小于6个月婴儿的家庭成员和看护人员、6个月至5岁的儿童、60岁及以上的老年人、特定慢性病患者、医务人员。

接种流感疫苗并不能保证百分百不得流感，但是可以大大降低感染流感的概率，即使万一接种后还是不幸中招，也可以减轻症状，降低患重症的风险，所以目前接种疫苗还是预防流感最有效的办法。

2

如何预防宝宝传染麻疹?

麻疹病毒由呼吸道经空气、飞沫传播，病人是唯一的传染源，患病后可获得持久免疫力，第二次发病者极少见。未患过麻疹又未接种过麻疹疫苗者普遍具有易感性，多发生在6个月～2岁的婴幼儿。

预防麻疹最好的方式是保护易感人群，按计划免疫程序接种麻疹减毒活疫苗。婴儿在出生后8个月初种，接种后免疫力可持续4～6年，7岁时复种。麻疹病儿应隔离至出疹后5日，有并发症的病儿应隔离至10 日，对已接触过麻疹病儿的易感儿应隔离检疫3周。

3

宝宝患了水痘怎么办？

水痘是一种由水痘—带状疱疹病毒所引起的急性传染病，多发生在春冬季，易感人群为2～6岁儿童。水痘病儿和患带状疱疹的成人是传染源，主要通过飞沫经呼吸道传染或接触水痘疱疹液传播，在病儿出疹前1日到疱疹完全结痂这段时期均有传染性。

患水痘的宝宝应卧床休息，多喝水，进食容易消化的食物。保持室内空气流通，经常更换内衣，避免搔抓皮肤，以免引起继发感染。根据医嘱使用抗病毒药物，注意防治并发症，必要时使用抗生素。病儿应在家隔离治疗至疱疹全部结痂或出疹后7日。

4

手足口病有哪些特点？

5岁以下儿童是手足口病的易感人群，密切接触是重要的传播方式。通过接触被病毒污染的手、毛巾、手绢、牙杯、玩具、食具、奶具以及床上用品、内衣等引起感染，还可以通过呼吸道飞沫传播、饮用或食入被病毒污染的水和食物等传播。患病宝宝的呼吸道分泌物、口水、粪便、疱疹液等也是主要传染源。

手足口病主要表现为发热、手、足、口、臀等部位出现皮疹。典型皮疹表现为斑丘疹、丘疹、疱疹，皮疹周围有炎性红晕，病儿可伴有咳嗽、流涕、食欲不振等症状。普通轻型病例的自然病程为7～10天，预后良好，但也有少部分重症手足口病患儿会引起脑膜炎、脑炎、肺水肿等严重的并发症，危及生命。

引起手足口病的病毒有很多种，感染过一次手足口病只能获得对某一型病毒的免疫力，仍然有可能感染其他型别的病毒，再次引起手足口病。

三 营养性疾病预防

1

如何给宝宝补钙？

奶和奶制品含钙量丰富，是婴幼儿膳食钙的主要来源，也是最佳来源。绿色蔬菜、大豆及豆制品也含有较高的钙，可作为钙的补充来源。

喝骨头汤能补钙吗？有学者曾经做过实验，骨头汤里的钙含量为1～3 mg/100 ml，仅为牛奶的1/100～1/30，显然不是好钙的食物来源。而且骨头汤中脂肪含量高，婴幼儿不宜消化。

根据中国营养学会推荐，0～6个月宝宝每日钙推荐摄入量为200 mg，7～12个月宝宝为250 mg。母乳含钙量250～300 mg/L，配方奶中含钙量更高，对于维生素D水平适宜的正常足月婴儿，母乳和配方奶中的钙足以满足其需要，一般不需要额外补钙。

1～3岁的宝宝每日钙推荐摄入量为600 mg，每天喝500 ml的牛奶或相当量的其他奶制品大致可以满足钙的需要量。

宝宝生长需要的钙宜从平衡膳食中获得，只有无法从食物中摄入足量钙时，才使用钙补充剂。钙对人体虽然很重要，但过量补钙也会产生危害。

2

孩子缺铁，但并没有贫血，也很要紧吗？

大家都知道缺铁时，身体会因为不能合成足够的血红蛋白而引起缺铁性贫血，但是也许大家不知道，贫血已是缺铁的严重阶段，即使是还没有引起贫血的轻微铁缺乏就已经对儿童的认知和学习能力、行为发育等造成不可逆转的损害。这是因为铁不但是合成血红蛋白的必需成分，也是体内某些代谢途径关键酶的重要元素。因此，铁缺乏将导致儿童多方面营养代谢和脏器功能障碍，以及免疫功能低下，其危害性甚至超过缺铁性贫血本身。

3

宝宝得了缺铁性贫血，治疗时要注意什么？

经专科医生判断后，患儿根据处方服用铁剂，各种营养补充剂不能代替药物。分次服用、两餐间服用铁剂有助于减轻铁剂对胃肠道的刺激，和维生素C同服，可以促进铁的吸收。饮食中注意多补充铁含量丰富且吸收率高的食物，比如动物性食物中的瘦猪肉、牛肉、动物血、肝脏等含铁量高，且为血红素铁，吸收率高；植物性食物中的铁为非血红素铁，吸收率相对较低。

4

婴幼儿如何预防缺锌？

锌是人体必需的微量元素，几乎参与体内所有的代谢过程，锌缺乏可对宝宝的危害极大，主要造成以下三方面危害：第一，影响身高增长（生长迟缓）；第二，导致免疫功能下降（容易呼吸道感染、腹泻等）；第三，影响儿童神经心理发育（注意力下降等）。锌主要来源于动物性食物。牛肉、瘦猪肉、肝脏等是最容易获得的富锌食物，鱼类的锌含量不如瘦肉，牡蛎等贝类食物的锌含量很高但是不如肉类容易获取。植物性食物的锌含量低且生物活性差。

为了预防锌缺乏，婴儿4～6个月龄后，应及时添加富含锌的辅食，如肉类、肝脏、蛋黄等。婴儿要注意饮食营养均衡，避免挑食偏食，确保富锌动物性食物的摄入量。

锌缺乏的危害有多大？

5

维生素D要补到几岁？

以往的观点认为，婴幼儿相对儿童及成人更容易缺乏维生素D，维生素D一般建议补充至2～3岁。但目前的研究发现，所有年龄段的儿童都存在缺乏维生素D的风险，甚至观察到随着儿童年龄增长，维生素D的缺乏反而更加严重，因此建议维生素D的补充应持续到青春期，并且“因时、因地、因人而异”。

6

婴幼儿期如何预防肥胖？

鼓励母乳喂养，因为母乳喂养的婴儿在多年后发生肥胖的风险显著低于人工喂养儿，而且母乳喂养时间越长，婴儿以后发生肥胖的概率越低。合理添加辅食，提倡顺应喂养，鼓励但不强迫进食，辅食应保持原味，尽量减少糖和盐的摄入。

7

儿童超重或肥胖怎么判断？

超重和肥胖是指儿童体重和身高的比例超出了一定范围，5岁以下的儿童根据体重/身长（身高）来判断，5岁以上的儿童根据按年龄性别体质指数（BMI）来判断。如果体重/身长（身高）≥中位数+1个标准差，或BMI≥中位数+1个标准差，属于超重；如果体重/身长（身高）≥中位数+2个标准差，或BMI≥中位数+2个标准差，属于肥胖。

8

关于肥胖儿童，家长应该怎么做？

肥胖可能对儿童身体的多个系统产生影响，需要逐渐改变不良的生活方式，保持健康的家庭饮食和行为习惯才能达到有效干预。以下是一些建议要点：

（1）控制高热量食物摄入，少吃煎、炸、快餐等高能量食品。

（2）避免晚餐过饱，不吃夜宵、不吃零食、少量多餐、细嚼慢咽。

（3）选择有趣味性且能坚持的项目，如快走、慢跑、骑脚踏车、球类、游泳等。

（4）限制儿童观看屏幕的时间（电视及其他电子产品）。

（5）家长避免把不健康食物带回家。

（6）让整个家庭都参与进来，让每个人的饮食都更健康。

9

高血压跟儿童有什么关系？

儿童期的肥胖与高血压、糖尿病、冠心病等代谢综合征的发生密切相关，一些容易引发高血压的不良饮食和生活习惯也经常在儿童时期就已经形成。因此，成人期疾病在儿童时期的早期防治成为儿童保健工作的重要内容之一。

10

孩子长不高是什么原因？

除了遗传因素之外，睡眠、心理、营养、运动锻炼等环境因素也会影响孩子身高增长。慢性疾病、家族性矮小、继发于宫内发育不良的矮小、内分泌疾病、骨骼发育异常等是儿童生长迟缓的常见原因，需定期监测孩子身高增长情况。对于生长迟缓的孩子，应及时到儿童内分泌专科就诊，查找原因并及时干预。

11

哪些方法可以帮助孩子科学长高？

体育运动能促进生长激素的分泌，帮助孩子长高。适宜的运动包括跳绳、吊单杠、跳皮筋、各种球类运动、双手摸高（树枝、天花板等）、双腿跳高等。

同时，保证孩子蛋白质及钙、磷、锌的摄入也是一大关键。钙、磷是骨骼的主要成分，对保证骨骼正常生长和维持骨骼健康起着重要作用，但并不直接促进长高。含钙丰富的食物包括奶制品、豆制品、虾皮、海带、紫菜、西兰花等。锌缺乏也可导致身高增长缓慢，含锌丰富的食物有猪肉、牛肉、羊肉、动物肝脏、海产品等。

12

可以根据父母身高预测孩子可以长多高吗？

一般认为，孩子的身高遗传因素占70% ～ 80%。通过父母的身高来预测孩子的遗传身高：

男孩预测身高 =（父身高 + 母身高）/2+6.5（cm）
女孩预测身高 =（父身高 + 母身高）/2–6.5（cm）

注意遗传身高只是理论上孩子能达到的身高，是否最终能达到或超过遗传身高，还要看后天的环境因素、疾病因素等。

第五部分

发育行为与卫生习惯篇

一 心理行为发育

1

如何与0—6个月的宝宝进行亲子互动？

（1）1月龄：多抱宝宝、多抚触，多对宝宝说话、微笑；给宝宝一些俯卧的机会。

（2）2月龄：训练眼睛追视物体，触摸抓握玩具；帮宝宝练习俯卧。

（3）3月龄：多和宝宝说话；帮助宝宝用手拍打、够取玩具。

（4）4月龄：帮宝宝练习翻身；鼓励多抓和玩颜色鲜艳的玩具，两手相互玩耍；逗宝宝笑出声。

（5）5月龄：和宝宝说感兴趣的东西；玩照镜子、躲猫猫游戏。

（6）6月龄：让宝宝识别不同的情绪表情；帮助宝宝练习靠坐到独坐。

4个月宝贝具有的能力

5个月宝贝具有的能力

6个月宝贝具有的能力

2

如何与7—12个月的宝宝进行亲子互动？

（1）7月龄：多和宝宝坐着玩；学习用动作表示欢迎、再见等。

（2）8月龄：引导宝宝练习爬行；鼓励用杯喝水、抓指状食物自喂。

（3）9月龄：引导宝宝扶站；练习拿捏小东西；引导宝宝看图片，模仿成人发音。

（4）10月龄：让宝宝练习扶着栏杆蹲下；鼓励扶着牢固的家具学习走路；让宝宝把手中东西投入容器。

（5）11月龄：让宝宝学习用手指翻书；藏找东西；念儿歌给宝宝听，鼓励宝宝学说话。

（6）12月龄：让宝宝指认身体部位、学会听指令拿东西；扩大宝宝社交范围，提高对陌生环境的适应能力。

7～8个月宝贝具有的能力

9～10个月宝贝具有的能力

11～12个月宝贝具有的能力

3

和宝宝应如何交流？

父母要多与宝宝接触，如带有感情地说话、微笑、拥抱等，对宝宝发出的声音要用微笑、声音或点头来回应。学会辨别宝宝的哭声，及时安抚情绪并满足宝宝的需求，如按需哺乳、换尿布避免身体不适等，让宝宝获得安全感。给宝宝做抚触，让宝宝看人脸或鲜艳玩具、听悦耳铃声和音乐等，促进其感知觉的发展。

4

宝宝哭闹为哪般？

在宝宝刚出生的几个月内，解决他们哭闹问题最好的办法是迅速回应。解决宝宝最迫切的需求，宝宝就不会哭那么久。首先考虑哭闹是不是因为饿了、冷了、尿布湿了，这时候如果及时给他更换尿布并保暖，再喂奶，宝宝吃饱穿暖后将满足地睡上一觉；如果哭声听起来有些尖厉或惊恐，应考虑可能有衣物或者其他东西让他感觉不舒服，这时候可以先检查双侧手脚，是否有衣服线头缠住手指、脚趾，再检查颈部，包括后颈、躯干和臀部，必要时再解开衣服进行后背和四肢的检查（注意环境温度和保暖），避免硬物遗留在衣服内造成宝宝不适。

5

宝宝哭闹不止怎么办？

如果宝宝不冷不热、不饿，尿布也干净，无异物造成不适，还是哭闹不止的话可尝试下列安抚手段：① 抱起宝宝安抚，袋鼠式护理（将新生儿俯卧，贴在父母的胸口），使宝宝感受温暖和安全感（特别是趴在妈妈胸前，听到胎儿期妈妈熟悉的心跳声，更易让宝宝安静下来）；② 把宝宝用抱毯包裹起来；③ 轻轻抚摸宝宝的头或轻轻拍打他的后背以及前胸；④ 唱歌或者用轻柔的语气和他讲话；⑤ 放轻柔的音乐；⑥ 抱着他走动；⑦ 拍嗝，帮助排气；⑧ 当天没洗澡的话可以给他洗个热水澡。

假如这些手段仍不管用，那就让宝宝独处一会。很多宝宝不哭一下就睡不着，让他们哭一会儿反而可以更快入睡。如果宝宝真是因为疲劳很想睡才哭闹，通常不会持续很久。假如不管做什么，宝宝都无法安静下来，那他可能不舒服，及时测体温，如果体温高于37.5℃，先查看一下是否宝宝包裹得太多了（排除因包裹太严所致的一过性体温升高），可以松散襁褓后过5～10分钟复测体温，如仍然高于37.5℃应立刻就诊。

6

宝宝为什么会乱发脾气？

发脾气是儿童受到挫折或者某些要求、欲望没有得到满足时，出现大哭大闹、撒泼耍赖，甚至做出伤害自己、破坏物品等过激行为。发脾气的原因主要与儿童本身的发育水平以及外界环境尤其是抚养人的不正确应答密切相关。通常情况下，家庭养育过程中过度溺爱是引起儿童反复发脾气的主要原因。父母和长辈对儿童各种要求一味满足使得儿童缺乏自我调控情绪的能力，长此以往，一旦要求无法满足，就出现发脾气甚至暴怒。

7

怎么应对宝宝乱发脾气？

在宝宝脾气发作的时候讲道理通常难以奏效，可以采取转移注意力、冷处理等方法，当儿童发脾气症状严重时可采取暂时隔离的行为治疗法。关注或者劝阻发脾气往往使儿童的行为变本加厉，一定不能在孩子脾气爆发阶段就随意放弃并满足孩子的要求，这样会更进一步强化其行为。在儿童发脾气减少时，应立即采用正性强化的方法，如奖赏、赞扬等，巩固良好的行为，越是年龄小的儿童，需要越及时使用正性强化的反馈。

8

3岁以前的宝宝如何表达情绪？

1岁前的宝宝在不愉快时主要是依赖抚养者的安抚。接近1岁时的宝宝出现一些自我调控的早期表现，例如面对不愉快的刺激和不安的情景，会将身体转开，摇摆身体，使劲地吸吮物体等。1～3岁是自我调控快速发展的时期，对自己的行动逐渐发展起一定的控制能力，例如能够一边玩一边等待家长准备食物，不高兴的时候不再动辄哭闹，而是以皱眉、噘嘴表示。

9

3岁及以上宝宝怎样情绪管理？

3岁幼儿开始能自觉地调节控制自己的情绪行为，例如克制冲动而服从要求，会用语言表达“我很想要那个小汽车”而不是随意发脾气，而且开始能抗拒引诱和延迟满足，但在等待满足过程中，很少能主动采取分散注意力的方法，需要在成人的帮助下用唱歌、做游戏等方式分散注意力。4～5岁以后，宝宝逐渐采用一些方法使自己能够等待，如玩玩具、唱歌、看图书、走动等，学前儿童耐心等候满足的时间一般难以超过15分钟。

二 语言发育

1

怎样判断宝宝的语言发育相对其他孩子落后了？

如果18个月的宝宝还不会叫“爸爸”“妈妈”；2岁还没有50个词的词汇量，不会把两个词连起来说，比如“妈妈抱”；3岁儿童还不会表达3个词的简单句子，比如“我要果汁”，这些情况应该引起家长的重视，尽早带宝宝到医院的儿保科、发育行为儿科或言语治疗科等相关科室进行全面的评估，及早发现问题，早期干预。

2

儿童口齿不清是因为舌系带过短吗？

一般情况下不是。少数儿童在4～5岁时仍然存在舌系带短的情况，即使对于这些儿童，大量的临床研究已证明，舌系带过短与他们的语音发展无关。除非舌系带过短同时伴有其他口腔异常或口部运动问题，或其舌系带过短极度严重，一般程度上的舌系带过短不会导致儿童发音不清。儿童口齿不清是一个比较常见的临床问题，一旦出现，家长要带孩子及时到专业医师或言语—语言治疗师处就诊，根据全面评估的结果找出原因，然后制订科学的治疗方案。临床上，除非存在明显的母乳吮吸困难，否则新生儿期或婴儿期不建议进行舌系带过短的手术治疗。

3

宝宝还不会说话，也要和宝宝讲话吗？

是的。孩子语言的发育首先需要语言的输入。研究发现，孩子最早获得的一些词汇都是他生活中最重要的人、最喜欢的事或者物品。因此，父母要说孩子感兴趣的事物，并不断地重复。

4

用平板电脑学词汇有什么问题吗？

词汇的获得是各种概念形成的过程，它需要我们运用多种感官来获得每一个概念。例如，孩子要理解“苹果”这个词汇，他就需要知道苹果这个东西看上去是怎样的，摸上去是什么感觉，闻上去是什么味道，是用来干什么的，这样他才有了“苹果”的概念。而电子屏幕只运用了视觉和听觉，因此它对于概念形成的帮助并不全面，所以电视、平板电脑等并不是孩子学习语言的最佳方式。

三

视力和口腔保健

1

多大的宝宝需要刷牙？

当牙齿萌出后，家长可用温开水浸湿消毒纱布或指套牙刷轻轻擦洗婴儿牙齿，每天1～2次，当多颗牙齿萌出后，可以选用婴幼儿牙刷为幼儿每天刷牙2次。3岁以后，可以教孩子选用适合年龄的牙刷，用最简单的“画圈法”刷牙，将刷毛放置在牙面上，轻压使刷毛屈曲，在牙面上画圈，每个部位反复画圈5次以上，牙齿的各个面均应刷到。由于年龄较小的孩子精细运动还发育不完善，家长应帮助孩子刷牙，以保证刷牙的效果。

2

如何喂养有利于儿童口腔健康？

提倡母乳喂养，宝宝牙齿萌出以后规律喂养，逐渐减少夜间喂养的次数；人工喂养的孩子应避免奶瓶压迫其上下颌，不要养成含着奶瓶或乳头睡觉的习惯。牙齿萌出后，夜间睡眠前可喂1～2口温开水清洁口腔。宝宝1岁后减少奶瓶的使用，逐步过渡到用杯子喝水，一般建议18个月后停止使用奶瓶。

3

儿童可以使用牙线吗？

可以。当孩子乳牙完全萌出后，家长可以使用牙线为孩子清洁牙齿的邻面，也就是牙缝。牙线是安全、有效的清洁口腔的方法，正确使用不会增大牙缝。

4

乳牙蛀了到底需不需要补?

“乳牙总是要换的，坏了不用治”的想法是错误的。龋齿会造成乳牙疼痛和咀嚼不适，因无法有效碾磨食物，可能增加孩子胃肠道负担，偏好使用一侧咀嚼也会造成颜面部不对称。龋齿中藏匿的细菌也会成为全身疾病的诱发因素，严重的龋齿损害还会危害到恒牙的生长。不仅如此，龋齿还可能影响孩子的语言发展和社交心理。所以一旦发现龋齿，建议及早至口腔专科检查，是否能补需要专科医生来判断。

5

窝沟封闭是什么？

窝沟封闭是预防磨牙窝沟龋最有效的方法，其原理是用高分子材料把牙齿的窝沟填平，使牙面变得光滑易清洁，细菌不易存留，达到预防窝沟龋的作用。经专科医生检查符合适应证的牙齿可以进行窝沟封闭。窝沟封闭后仍有患龋齿的可能，因此仍要注意牙齿清洁，不能大意。

6

牙齿涂氟以后还会患龋齿吗？

3岁以上孩子可接受由口腔专业人员实施的局部应用氟化物防龋措施，每年2次。和窝沟封闭一样，涂氟是预防龋齿的方法之一，如果不重视刷牙仍会发生龋齿。

7

宝宝出生时都是远视眼么？

宝宝出生时都是远视眼。随着生长发育，眼轴相应拉长，眼睛逐渐从远视眼转变为正视眼（不近视也不远视的状态）。然而，部分孩子的眼睛随着生长发育，从远视发展到正视后并没有停止，而是继续“生长”，眼球过度发育、眼轴过长，变成近视眼。3岁前，远视在300度以内属正常；3 ～ 7岁，远视度数逐渐减少；7岁以后，远视度数基本稳定。

8

如何及早发现孩子视力不良？

如果发现孩子有以下现象，家长应重视并及早带孩子到眼科检查：不能和家长对视，对交流不感兴趣；遮住一只眼睛时，孩子出现抗拒；眼球“抖动”；经常眯眼睛，喜欢紧皱眉头、歪头看、斜着看；看近时出现了“斗鸡眼”；看电视总喜欢走近电视机等。

9

如何预防小儿近视？

缩短持续的近距离用眼时间，持续用眼30 ～ 40分钟，应休息远眺10分钟；培养正确的看书姿势（身离桌一拳,眼距书本一尺以上），在良好的照明环境下读书、游戏；保证有足够、有效的户外活动时间，每天平均2小时左右；控制电子产品的使用；保证充足睡眠，合理营养，平衡膳食；定期进行视力筛查，及早发现问题，及时干预。

10

如何控制孩子使用电子产品的时间？

对于2岁以下儿童，应尽量避免操作各种电子视频产品；对于2岁以上儿童，建议持续近距离注视的时间每次不宜超过30分钟，操作各种电子视频产品的时间每次不宜超过20分钟，每天的累计时间建议不超过1小时。观看电视的合适距离大约等于屏幕对角线长度的1.6倍，屏面略低于眼高。

四

睡眠卫生习惯

1

宝宝睡觉突然会笑、扮鬼脸是什么意思？

宝宝睡眠时通常“不太安分”，睡觉时会笑、会扮鬼脸、会有吸吮动作，也会因为鼻子堵塞呼吸音很重，有时在睡眠中还会不经意地突然抖动一下身子，这些现象一般来说是正常的。

2

怎么建立宝宝夜间睡眠的规律？

许多宝宝的睡眠都是日夜颠倒，白天睡得多，晚上睡得少。要让宝宝更多地在晚上睡觉。在晚上把室内的光线开到最暗，尽早使宝宝进入安静的环境。而在白天则要多逗引宝宝玩，定时把宝宝叫醒来玩耍或进食。通常宝宝需要晃着入睡或边吃边睡，这些习惯在出生后的前2个月还可以允许，但到宝宝3个月时就应该让其戒除这些习惯。宝宝睡眠的环境最好是黑暗、安静，并且不要过高的温度。

3

宝宝一直睡觉或者睡眠毫无规律正常吗？

宝宝平均每天睡16～20小时，通常睡眠没有规律，也没有一定的模式。在出生后的前几周，宝宝可以在任何地方睡上几分钟或是几个小时。一般母乳喂养的宝宝每次睡眠的时间稍短些（2～3小时），而人工喂养的宝宝则稍微长些（3～4小时）。另外在这个阶段，宝宝的睡眠基本没有白天和黑夜的规律。大概在出生后2～4个月的时候，宝宝会逐步形成睡眠的昼夜节律。

4

宝宝单独睡好还是和爸爸妈妈一起睡好？

都可以。宝宝睡眠的地方可以有很多选择，例如睡在自己的摇篮或小床上。当然有的家长会让宝宝和自己睡在一张床上，这时就必须注意防止家长身体压迫宝宝导致窒息的危险。

5

奶睡为何不妥当？

很多宝宝会依赖睡前喝奶来帮助自己入睡，一旦宝宝习惯了喝着奶入睡，无论是用奶瓶喝还是吃母乳，他们常常会在半夜醒来，并且需要喂奶后才能重新入睡。要避免这一问题，应从宝宝小时候开始，把吃奶和睡觉这两件事情分开。

6

宝宝睡着了才能放到床上吗？

不是的。当宝宝困乏但还清醒的状态下就应把他放到床上，这样可以鼓励宝宝学会自己独立睡觉。一旦宝宝学会自己独立入睡，那么在晚上自然醒来后他也同样可以自己重新入睡。

7

宝宝频繁夜醒是什么原因？

夜醒在小年龄宝宝中是很常见的睡眠问题。正常生理情况下，宝宝在6个月的时候就可以一觉睡到天亮，不需要夜间哺喂了。但是，有的宝宝在晚上仍然会有频繁夜醒。其实，所有的宝宝都会有短暂的夜间觉醒，通常每晚会发生4～6次。所以问题不在于宝宝会在晚上醒来，而在于宝宝无法自己重新入睡，我们称之为不恰当的睡眠启动依赖，这是因为他们没有独立入睡的能力。

8

怎么应对宝宝的频繁夜醒，帮助宝宝一觉睡到天亮？

（1）制订一个充足的作息时间表保证宝宝有充足的睡眠。

（2）可以试着让宝宝依靠一些自己喜欢的东西（过渡期物品）入睡。

（3）一定要建立一个稳定的入睡前常规，包括平缓、舒适的活动，比如洗澡和入睡前的故事等。要避免户外活动、在屋子里奔跑或者看令人兴奋的电视等。熄灯前的活动应该是在宝宝卧室里。宝宝在6个月以后就不应该把喂奶作为入睡前的常规了。

（4）当宝宝困乏但还清醒的状态下把他放到床上，鼓励宝宝学会自己独立睡觉。

9

宝宝总是有各种理由不愿意乖乖按时睡觉怎么办?

在建立入睡前常规这个过程中要忽略宝宝的抱怨和抗议,例如“我还不累”等。如果在这个时候再和宝宝讨论或解释只会推迟上床睡觉的时间，打破原先建立的规定。父母应该平静但态度坚定地告诉宝宝现在已经是睡觉时间了，必须要上床了。父母一定要坚持原先制订的规定。

五 生活卫生习惯

1

哪些时候必须要洗手？

一天之中，当孩子接触玩伴、分享玩具或抚摸宠物的时候，都会暴露在细菌和病毒的环境中。一旦他的手接触到这些病菌，可能会通过揉眼睛、摸鼻子、把手指放进嘴里等小动作迅速使自己受到感染，整个过程可以在几秒内发生，但由此引发的感染却可能会持续几天、几周甚至更久。

因此，鼓励孩子每天洗手非常重要，建议家长应该有意识在下列情形下帮助孩子或提醒孩子洗手：进食前（包括吃零食）、上完厕所后、从户外玩耍回来、摸过动物后（比如家里的宠物）、打喷嚏或咳嗽后（如果他用手捂住嘴）。

2

怎样洗手才是有效的？

大多数人“洗手”可能只是简单地洒点水，或者喷点洗手液，但远远不足以让他们的手变干净。依据疾控中心的建议，正确的洗手步骤包括：弄湿孩子的手，涂抹清洁的肥皂或洗手液，用力揉搓双手，彻底擦洗每一处表面，持续搓洗10～15秒，有效去除细菌，彻底冲洗双手，然后擦干。虽然10～15秒的洗手时间听起来像一瞬间，但它比你想象的要长得多，可以在孩子洗手时计时，选择一首持续15秒的歌曲，边洗边唱。鼓励你的孩子不仅在家里洗手，在学校、在朋友家，或在其他地方也要洗手。这对他来说是一个重要的习惯！

3

被动吸烟的危害有多大？

儿童正处在机体发育阶段，各组织器官还未发育完善，神经系统、内分泌系统及免疫系统功能等都还不甚稳定，解毒排毒功能不如成年人，更容易使烟草等有害物体在体内蓄积。被动吸烟使儿童发生哮喘和呼吸道感染率倍增，还会引起儿童血铅水平增加，引起铅中毒和注意力缺陷，此外还会引起龋齿和长不高等问题。总之，被动吸烟会影响儿童各个器官的系统功能和注意力等多个方面，会严重危害儿童健康。

4

1岁以下的宝宝不适合戴口罩，年龄比较小的宝宝戴不住口罩，该怎么办？

宝宝主要以被动防护为主。被动防护怎么做呢？首先在家时，看护人要戴好口罩，不要对着宝宝打喷嚏、呼气、咳嗽。不跟宝宝共用餐具，给宝宝喂食的时候不要用嘴吹食物，另外也不要自己用嘴尝试食物后再喂给宝宝，切不可用嘴咀嚼以后再喂给宝宝。此外，大家常常会忽略自己的手机和钥匙，经常会把自己的手机和钥匙给孩子玩，别忘了手机和钥匙都应该进行清洁消毒。家里定时做好通风。如果要外出，建议一定要去空旷、通风、人少的地方活动，并做到有效看护。带小宝宝外出时可以带一些消毒液，回家以后及时更换衣物，及时清洁手部。儿童佩戴口罩和摘取口罩和成人是一致的。儿童的脸型相对小一点，家长一定要买儿童专用口罩佩戴，千万不要用大人的口罩代替儿童的口罩，因为这样实现不了好的防控作用。

六 饮食卫生习惯

1

宝宝两三岁了，是否要开始像大人一样一日三餐规律进食？

是的。一般每天安排早、中、晚三次正餐，在此基础上建议上午和下午各加餐一次，两次正餐之间应间隔4～5小时，加餐与正餐之间应间隔1.5～2小时，加餐以奶类、水果为主搭配少量面点，分量宜少，以免影响正餐的进食量。

2

为什么孩子会有挑食的不良行为？

孩子挑食，家长要反思一下提供的食物种类选择和制作方式是否过于单一，食物质地是否符合孩子需要，辅食添加时间有没有错过味觉发育敏感期和咀嚼发育关键期。另外，许多挑食儿童的亲属挑食比例高于其他人，所以挑食也可能是儿童模仿家人的结果。有些孩子已经出现了对某些食物的偏爱，家长出于溺爱和迁就，经常为孩子做或买这些食品，这样孩子的偏爱就容易被逐渐强化而成为不良习惯。

3

挑食的后果有哪些？

挑食的孩子对食物种类有偏好，对自己喜爱的食物没有节制，而对自己不喜欢的食物一概拒绝。还有些孩子表现为吃得少、吃得慢，对食物不感兴趣，长此以往会对孩子的健康产生一定的负面影响，轻者导致身体内某些营养素的缺乏，严重挑食或偏食时间过久还会导致营养不良、肥胖、胃肠功能紊乱等。

4

如何预防孩子从小挑食？

婴儿期添加辅食时应提供多样化的食物，初次给予的辅食要专门制作，一种食物的连续添加时间不应过长，以免孩子吃腻或产生依赖。对于初次尝试的新食物，孩子如果拒绝接受，家长不要强迫孩子吃，可以反复多次给孩子尝试（15次左右），使孩子最终能接受新食物的味道。培养良好的饮食习惯，鼓励1岁以上的孩子自己吃饭，吃饭时避免分心（如边吃边看电视、讲故事、玩玩具等）。在食物采购制作上应多样化，使孩子对食物保持新鲜感。膳食中注意补充富含锌、铁等微量元素的食物，有利于挑食的预防。

5

改善孩子挑食，父母要注意什么？

家庭进食习惯对孩子有很大影响，父母不要在孩子面前表现出对某种食物的喜爱或厌恶，通过发挥父母及家人的榜样作用，促进孩子改变不良进食行为。限制孩子两餐之间的零食，餐前不喝饮料，两餐之间间隔一定时间（3小时左右），让孩子能体验饥饿，通过进食获得饱感，使得吃饭成为一个快乐、满足的过程。对于年龄稍大的孩子，还可以通过对其讲述挑食对健康的影响让孩子认识到挑食的危害，从而自觉配合纠正不良习惯。

6

宝宝自己吃饭吃得一塌糊涂父母要忍吗？

宝宝1岁不到时，父母可以鼓励宝宝用手抓握食物自喂，自己用勺，小口喝杯子里的水，这样可以增加进食兴趣，培养宝宝逐步学会独立进食的能力。一般1岁的宝宝能用小勺舀起食物，但大多散落，2岁时宝宝能比较熟练地用小勺自喂，家长应该容忍宝宝刚学习自己吃饭时的“狼藉”现象。

参考书目

1. 刘湘云. 儿童保健学（第四版）[M].南京：江苏科学技术出版社，2011.
2. 石淑华，戴耀华. 儿童保健学（第三版）[M].北京：人民卫生出版社，2014.
3. 金星明，静进.发育与行为儿科学［M].北京：人民卫生出版社，2020.
4. 国家卫生健康委员会. 手足口病诊疗指南（2018年版）[R]，2018.
5. 上海市卫生健康委员会.《上海市0～6岁儿童眼及视力保健技术规范》[R]，2019.
6. 上海市卫生健康委员会.《上海市0～6岁儿童营养指导技术规范》[R]，2019.
7. 上海市卫生健康委员会.《上海市母子健康手册》[R]，2018.
8. 中国营养学会. 中国居民膳食指南（2016）[R]. 北京：人民卫生出版社，2016.
9. 中国疾病预防控制中心.中国流感疫苗预防接种技术指南（2019—2020）[J].中华预防医学杂志，2020, 54（1）: 21–36.

10. 马琳. 儿童皮肤病学［M］.北京：人民卫生出版社, 2014.
11. 陈宝英. 新生儿婴儿护理养育指南［M］.北京：中国妇女出版社, 2018.
12. 汪翼. 儿科学（第5版）［M］.北京：人民卫生出版社, 2006.
13. 台保军. 影响孩子一生的事——儿童口腔保健［M］.北京：人民卫生出版社, 2019.
14. 谢幸，孔儿华，段涛. 妇产科学（第9版）［M］.北京：人民卫生出版社, 2018.
15. 游川.《怀孕分娩新生儿——医生最想告诉你的那些事》［M］.北京：北京技术出版社，2019.
16. 任钰雯、高海凤.《母乳喂养理论与实践》［M］. 北京：人民卫生出版社，2018.
17.（美）丽贝卡・曼内,（加）帕特里夏・J.《泌乳顾问核心课程（第三版）》［M］. 北京：世界图书出版公司，2018.
18. 优生智库–出生缺陷咨询工作站APP.
19. 王惠珊，曹彬.《母乳喂养培训教程》［M］. 北京：北京大学医学出版社，2014.